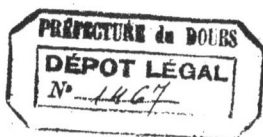
4:F pièce
1270

VILLE DE BESANÇON

ÉCLAIRAGE PAR LE GAZ

CONCESSION

A LA SOCIÉTÉ ANONYME POUR L'ÉCLAIRAGE PAR LE GAZ
DE LA VILLE DE BESANÇON

(Capital : **2,500,000** Francs)

———

Traité du 15 août 1913

———:o:———

BESANÇON

LA SOLIDARITÉ, Imprimerie Coopérative
6 et 8, Rue Gambetta, 6 et 8
—
1913

VILLE DE BESANÇON.

ÉCLAIRAGE PAR LE GAZ

CONCESSION

A LA SOCIÉTÉ ANONYME POUR L'ÉCLAIRAGE PAR LE GAZ DE LA VILLE DE BESANÇON

(Capital : 2,500,000 Francs)

Traité du 15 août 1913

Les soussignés :

M. Antoine SAILLARD, Maire de la Ville de Besançon, stipulant au nom de ladite Ville, en vertu de la délibération du Conseil municipal en date du vingt-neuf juillet mil neuf cent treize ;

Et M. Théodore VAUTIER, Administrateur de la *Société Anonyme pour l'Eclairage par le Gaz de la Ville de Besançon*, autorisé à cet effet par une délibération spéciale du Conseil d'Administration de ladite Société, en date du dix juillet mil neuf cent treize, approuvée par l'Assemblée générale des Actionnaires tenue à Lyon, le douze août suivant ;

Ont fait les conventions suivantes :

EXPOSÉ

La Ville de Besançon se proposant d'améliorer, dès aujourd'hui, pour les particuliers et pour le service municipal, les conditions établies par le cahier des charges actuellement en vigueur pour l'éclairage de la Ville, lequel ne devait prendre fin qu'au 1ᵉʳ septembre 1925,

Et la Société, de son côté, désirant s'assurer la concession de l'éclairage de la Ville, pour une nouvelle période dont la durée lui permettra de pourvoir avec sécurité aux développements de l'usine et de la canalisation nécessités par l'accroissement de la consommation et l'extension du réseau de la Banlieue ;

Déclarent résilier d'un commun accord le cahier des charges du 26 juillet 1878 et le traité du 13 juin 1907 relatifs à l'éclairage public, et leur substituer, pour recevoir son exécution à la date prévue par l'article 60 ci-après, un nouveau traité de concession dont les conditions sont contenues au présent acte.

CHAPITRE PREMIER

Dispositions préliminaires

Nature, objet, durée de la concession.

ARTICLE PREMIER. — La concession, faite à la Société par le traité du 26 juillet 1878, du *droit exclusif de conserver et d'établir des tuyaux pour la conduite du gaz d'éclairage et de chauffage sous les voies publiques* de la Commune de Besançon, est prorogée pour une durée de vingt années, à dater du premier septembre mil neuf cent vingt-cinq, *pour prendre fin au premier septembre mil neuf cent quarante-cinq.*

Etablissement de nouvelles canalisations. Etendue. — Délai. Distance entre lanternes.

ART. 2. — *La Société devra canaliser à ses frais,* suivant les indications de la Ville, *toutes les voies publiques* actuellement existantes ou à créer dans l'intérieur de l'agglomération urbaine, *telle qu'elle est définie par l'arrêté préfectoral du 3 janvier 1902.*

En dehors de l'agglomération urbaine, la Société devra aussi établir à ses frais *douze kilomètres* de canalisations nouvelles, d'un diamètre minimum de soixante millimètres.

La création de toutes ces canalisations, soit celles de l'agglomération urbaine, soit celles d'une longueur totale de douze kilomètres, à faire en dehors de cette agglomération, pourra être exigée par la Ville dans un *délai de trois ans,* si bon lui semble ; mais elle ne pourra plus l'être après le premier septembre mil neuf cent trente-cinq.

La Ville remettra à la Société, chaque année, avant le trente-et-un mars, la nomenclature des chemins à canaliser et le nombre ainsi que les emplacements, des lanternes à établir.

La distance moyenne de soixante mètres entre lanternes, prévue au traité de 1878, reste considérée comme distance maxima.

ART. 3. — Après la pose de ces canalisations, la Société devra canaliser à ses frais les voies existantes ou à ouvrir, lorsque les particuliers souscriront des polices d'abonnement de trois ans, à raison de un client par quinze mètres de canalisation à poser, ou qu'ils garantiront, pendant la même durée de trois ans, une consommation de un franc cinquante par mètre courant et par an.

En dehors de toutes les canalisations dont il vient d'être parlé, la Ville pourra toujours exiger de la Société celles qu'elle jugera utiles, avec obligation pour celle-ci de les alimenter en gaz.

Dans ce cas, la Ville remboursera à la Société tous les frais de premier établissement nécessités par chacune de ces canalisations, en autant d'annuités qu'il restera d'années à courir depuis son achèvement jusqu'au premier septembre mil neuf cent quarante-cinq.

Toutefois, le paiement de ces annuités ne sera pas dû par la Ville pour les années où la consommation moyenne de la clientèle desservie par ces canalisations atteindra un franc cinquante par mètre courant et par an.

ART. 4. — Si, dans les chemins privés, accessibles de jour et de nuit au public, l'établissement de lanternes était demandé par les propriétaires riverains, la Société devra installer lesdites lanternes et les canalisations nécessaires aux frais des ayants-droit, et la consommation de gaz en sera payée par lesdits ayants-droit au prix du gaz destiné à l'éclairage public, sous réserve, bien entendu, que ces lanternes seront allumées et éteintes aux mêmes heures que les lanternes municipales.

Les particuliers pourront toujours exiger de la Société qu'elle établisse à leurs frais les canalisations nouvelles qu'ils jugeraient utiles. Ils devront, à cet effet, se munir des autorisations nécessaires. La Société resterait alors seule chargée de la surveillance et de l'entretien desdites canalisations aux frais des intéressés.

ART. 5. — Tous les travaux de canalisation seront exécutés par la Société comme il est dit à l'article 2.

Les tuyaux seront en fonte de bonne qualité ; il pourra cependant être substitué à ces derniers d'autres tuyaux dont le modèle serait adopté par la Ville de Paris.

L'Administration, après avoir entendu la Société, pourra prescrire, dans la direction des conduites, toutes les modifi-

---

Extension du réseau.

Canalisations dans les chemins privés.

Mode d'établissement des canalisations. Tuyaux. — Drainage des conduites. Ouverture et remblaiement des tranchées.

cations successives que lui paraîtra exiger la bonne exécution du service.

Afin de *garantir* des effets du gaz *les arbres des promenades publiques*, la Société exécutera le drainage des conduites à établir sous les voies plantées et entourera les branchements de drains en terre cuite sur tous les points où cette précaution sera jugée nécessaire par l'Ingénieur-voyer.

Le drainage des conduites consistera à garnir les deux côtés et le dessus de la conduite de pierres cassées, sur une épaisseur de 0^m15 à 0^m30, suivant le diamètre des conduites, et à couvrir cet empierrement d'une enveloppe s'opposant à l'infiltration des sables dans les interstices des pierres.

La Société fera à ses frais toutes les tranchées nécessaires pour la pose des conduites et de leurs branchements, sauf pour les conduites payées par la Ville ou par les particuliers. Ces tranchées se feront sur les points indiqués par l'Ingénieur-voyer. Elles auront une profondeur minima de 0^m60 et ne pourront rester ouvertes plus de trente heures ; elles seront barricadées et éclairées pendant la nuit, le tout aux frais et par les soins de la Société.

Cette dernière devra, immédiatement après la pose des tuyaux, combler la tranchée en opérant un damage assez énergique pour y réemployer tous les matériaux en provenant. Elle devra ensuite rétablir, comme il est dit ci-après, soit l'empierrement, soit le pavage, soit enfin l'asphalte démoli pour ouvrir la tranchée.

Dans le premier cas, l'empierrement sera constitué par une couche de pierre cassée à la grosseur de 0^m05, mesurant au moins 0^m20 d'épaisseur, fortement damée à l'état humide, et recouverte d'une légère couche de groise ou détritus pour en assurer la liaison.

Dans le second cas, les pavés seront remis en place, soit sur une forme de sable de 0^m15 d'épaisseur, soit sur une couche de mortier, suivant le cas, en remplaçant par des matériaux neufs ceux hors service. Ce pavage, fortement damé, reproduira le profil exact de la chaussée et sera recouvert d'une couche de sable fin de 0^m02 d'épaisseur.

Enfin, s'il s'agit de chaussée ou trottoir asphalté, la forme en béton et la couche d'asphalte seront reconstituées sur une épaisseur au moins égale à celles qu'elles présentaient, en y employant des matériaux de bonne qualité.

Les déblais et matériaux hors de service devront être

enlevés et conduits à la décharge publique dans le plus court délai possible.

La Société demeurera chargée, pendant une année pour les chaussées empierrées et pendant trois années pour les pavages et surfaces asphaltées, de l'entretien des ouvrages démolis et rétablis par ses soins.

Dans le cas où les tranchées devront être ouvertes dans une rue étroite, où les accidents seraient à craindre, l'interdiction de la circulation pourra être, sur la demande de la Société, prononcée par le Maire.

La Société demeurera responsable envers la Ville, l'Etat ou les particuliers, de toutes les dégradations qu'elle pourrait commettre pendant l'exécution de ses travaux ou à l'occasion de cette exécution et, en un mot, de tous les dommages qu'elle pourrait avoir causés.

ART. 6. — La Ville se réserve le droit de faire déplacer et même de faire enlever, aux frais de la Société et sans aucune indemnité, les tuyaux de conduites toutes les fois qu'elle jugera que l'intérêt public l'exige pour les nécessités des travaux de voirie. *Déplacement éventuel des canalisations.*

La Société sera avertie de ces déplacements deux jours au moins à l'avance, sauf les cas de force majeure qui ne permettraient pas d'observer ce délai.

Les avaries causées aux conduites de gaz par les ouvriers des entrepreneurs de la Ville seront réparées aux frais de ces derniers, mais sans garantie de la Ville.

La constatation de ces dégradations sera faite par les agents du service municipal à la demande des agents de la Société.

ART. 7. — Pendant toute la durée de la concession, l'Administration municipale aura également le droit d'autoriser des essais d'éclairage et de chauffage par tous les systèmes qui pourront se produire, dans une limite de deux cents mètres de longueur de voie publique pour chaque essai, sans que l'exercice de ce droit puisse donner lieu à aucune indemnité en faveur de la Société. *Essais de nouveaux modes d'éclairage et de chauffage.*

ART. 8. — La Société versera annuellement à la Ville, à titre de redevance pour occupation du domaine public, de droits d'octroi sur le gaz consommé dans la limite du rayon et de participation de la Ville aux bénéfices de l'exploitation, *une somme forfaitaire de soixante-dix mille francs.* *Redevance annuelle.*

Le versement en sera fait à la Caisse municipale par quart, à la fin de chaque trimestre.

Cette redevance n'aura pas pour effet de dégrever les cokes et autres produits de l'usine qui seraient introduits dans le rayon de l'octroi.

Elle ne sera pas augmentée ni diminuée en cas de relèvement, d'abaissement ou même de suppression des taxes actuellement en vigueur, de même qu'au cas où l'usine actuelle serait comprise dans le rayon de l'octroi.

Dans ce dernier cas, les matières premières continueraient à entrer en franchise à l'usine, mais les divers produits résultant de la fabrication du gaz, et livrés à la consommation locale dans le rayon de l'octroi, continueraient à être soumis à la perception des taxes en vigueur, tandis que ceux expédiés au dehors, ou employés à la fabrication, seront exemptés de ces droits.

Développements éventuels de l'exploitation.

ART. 9. — La Société prend l'engagement de pourvoir à ses frais aux agrandissements de l'usine et aux développements et renforcements de la canalisation qui seront nécessités par l'extension de la consommation.

Elle s'engage à fournir le gaz pendant la durée de la concession dans toute l'étendue de la Ville et du réseau canalisé de la banlieue, tant pour l'éclairage public et particulier que pour le chauffage, aux conditions indiquées au chapitre suivant.

CHAPITRE II
Dispositions communes à l'éclairage public et particulier

Nature du gaz. Mélange de gaz à l'eau Pouvoir calorifique. Latitude dans les procédés de fabrication. Abaissement éventuel du prix de vente.

ART. 10. — La Société *fournira du gaz de houille* auquel elle pourra *ajouter du gaz à l'eau* dans une proportion telle que, ramené par le calcul à l'état sec, à la température de zéro degré centigrade et à la pression de 760^m/^{m} (sept cent soixante millimètres), il ait un pouvoir calorifique supérieur (vapeur d'eau condensée) de 4.700 (quatre mille sept cents) calories (K. D.) et une teneur en oxyde de carbone ne pouvant dépasser 17 % (dix-sept pour cent) (volume).

Toutefois, la Société sera libre de fournir tout autre gaz ; il suffira que ce produit, quelles que soient sa composition et la nature des matières employées à sa fabrication, puisse être pratiquement distribué par tuyaux et utilisable pour l'éclairage, le chauffage et tous autres usages, qu'il ait un pouvoir calorifique supérieur de 4.700 calories (K. D.) et une teneur en oxyde de carbone ne pouvant dépasser 17 % (volume) ; qu'il soit épuré aussi bien que possible par des procédés reconnus alors comme les plus parfaits, pourvu que ces procédés soient applicables dans des établissements pareils à celui de Besançon. Il devra brûler sans odeur ni fumée ; ses produits de combustion autres que le gaz carbonique et la vapeur d'eau devront être en proportion assez minime pour qu'ils ne puissent nuire à la santé des personnes ; il ne devra pas produire de dépôt sur les manchons en brûlant avec des becs en bon état.

La Société est autorisée, après avis préalable donné au Maire par lettre recommandée, à employer pour la fabrication du gaz qu'elle distribuera à sa clientèle, tous produits et tous procédés industriels, pourvu que ces produits et procédés aient été employés avec succès pendant une durée non interrompue d'au moins deux ans, dans une Ville de France ayant une population au moins égale à celle de Besançon ou soient autorisés par le Maire après approbation du Conseil municipal.

Dans le cas où l'emploi de ces nouveaux procédés ou produits aurait pour résultat un abaissement de 25 % (vingt-cinq pour cent) dans le prix de revient du gaz, la Société serait obligée de faire profiter l'éclairage public et particulier de la moitié de cet abaissement de prix.

ART. 11. — Les qualités physiques et chimiques du gaz distribué devront répondre, à toute époque, aux spécifications de l'article 10.

Contrôle de la qualité du gaz. — Essais. Tolérance dans le pouvoir calorifique

La Société sera tenue de fournir et d'installer à ses frais, dans un local désigné par l'Administration municipale, les appareils nécessaires pour le contrôle du pouvoir calorifique, de la teneur en oxyde de carbone et de la bonne épuration du gaz, c'est-à-dire un calorimètre JUNKERS, une burette de BUNTE et une cloche à gaz conforme aux instructions de DUMAS et REGNAULT.

Ces appareils seront reçus par un délégué de l'Administration municipale et ne seront mis en service qu'après vérification contradictoire par les agents de la Ville et ceux de la Société.

Les appareils d'essai seront placés dans un local dont les agents de la Ville auront seuls la clef.

L'Administration pourra exiger deux bureaux d'essai

établis dans les mêmes conditions ; leur emplacement sera choisi d'accord avec la Société, vers la région moyenne du réseau à contrôler.

Les essais seront effectués à toute heure du jour et de la nuit, à raison d'au moins quatre séances par mois, chacune d'elles comportant au minimum trois épreuves complètes exécutées à demi-heure d'intervalle et dont on prendra la moyenne.

L'Ingénieur de la Ville désignera le bureau où les essais seront effectués. Avis en sera donné préalablement à la Société.

Un agent de la Société est autorisé à assister à l'essai et à prendre note de ses résultats, mais il n'intervient en rien dans la conduite des opérations effectuées par l'agent contrôleur sous son entière responsabilité.

Une tolérance de 3 % (trois pour cent) sera accordée pour les essais effectués en dehors des heures de pleine émission comprises entre 19 heures et 23 heures.

La détermination du pouvoir calorifique se fera à l'aide du calorimètre de JÜNKERS et il sera tenu compte dans les résultats obtenus d'une tolérance de 10 % (dix pour cent) comprenant, d'une part, les écarts de fabrication, et, d'autre part, les erreurs de mesure pouvant résulter de la méthode calorimétrique industrielle employée pour le contrôle.

Si le pouvoir calorifique contractuel n'atteignait pas 4.700 (quatre mille sept cents) calories avec les tolérances admises et si la teneur en oxyde de carbone dépassait 17 % (dix-sept pour cent), il en serait immédiatement donné connaissance au Maire et à la Société.

La moyenne des essais de chaque mois devra donner le pouvoir calorifique contractuel. Quand la moyenne d'un mois sera inférieure ou supérieure au pouvoir contractuel, il sera fait report au mois suivant de la compensation due par la Société ou par la Ville ; à la fin de chaque période de deux mois, le compte de la compensation proportionnelle sera arrêté et, s'il y a déficit, la Société paiera à la Ville la valeur du pouvoir calorifique manquant considéré comme déficit d'éclairage, en prenant pour base le prix de l'éclairage public et la moyenne de la consommation mensuelle de l'éclairage de la voie publique correspondante à chacun de ces deux mois.

Pour une même année, la Société solde le compte en déficit des six premiers mois en payant la valeur du pouvoir calorifique manquant, ainsi qu'il vient d'être dit. Si les déficits se représentaient pour une, deux ou trois périodes de deux mois dans le second semestre de la même année, la Société paierait respectivement pour chacune d'elles deux fois la valeur du pouvoir calorifique qui n'aurait pas été fourni.

Les dispositions des deux paragraphes qui précèdent ne s'appliquent qu'au cas prévu où le pouvoir calorifique contractuel ne descendrait pas au-dessous des limites des tolérances fixées. Dans ce cas, l'abonné n'aura droit à aucune réduction sur le prix du gaz qui lui aura été livré. En cas de désaccord entre les agents des deux services, sur les résultats des expériences, il sera immédiatement fait appel à un tiers arbitre désigné par le Président du Tribunal Civil.

A partir du jour où le déficit du pouvoir calorifique contractuel, en dehors des tolérances, aura été dénoncé par la Ville à la Société, s'il se reproduit pendant dix jours de suite ou pendant quinze jours non continus dans un même mois, la Société sera tenue de payer cinq fois la valeur du pouvoir calorifique manquant.

Dans ce cas, l'abonné aura droit au remboursement du prix de la consommation excédant le déficit de 10 % (dix pour cent) dans le pouvoir calorifique. Ce remboursement sera effectué, pour chaque période de deux mois, par voie de déduction sur la facture qui suivra la publication du résultat des vérifications du pouvoir calorifique.

Si le déficit en dessous des tolérances ne s'est pas produit pendant dix jours de suite, ou pendant quinze jours en un mois, la Société sera autorisée à en faire la compensation, comme si ce déficit avait eu lieu dans la limite de la tolérance.

La compensation sera admise pour les cas de force majeure, mais seulement lorsque la Société aura notifié au Maire les causes susceptibles de faire modifier temporairement le pouvoir calorifique du gaz.

Aucune tolérance ne sera accordée pour la teneur en oxyde de carbone, laquelle ne devra dépasser dans aucun cas 17 % en volume par mètre cube.

La constatation, au cours d'une séance d'essai, d'une teneur supérieure à 17 % (dix-sept pour cent), mais inférieure à 18 % (dix-huit pour cent), donnera lieu à une pénalité de vingt francs par jour.

Si, dans les mêmes conditions, ladite teneur dépassait 18 % (dix-huit pour cent), la pénalité serait portée à cinquante francs par jour.

Pour le calcul des compensations, il sera admis que le pouvoir éclairant défini dans le traité de 1878, soit 105 litres par carcel-heure, correspond au pouvoir calorifique de 4.700 calories inséré dans le présent contrat.

La bonne épuration du gaz sera constatée avec des bandes de papier blanc non collé, préparé à l'acétate de plomb, employées suivant les instructions de DUMAS et REGNAULT.

Prises de gaz. Autorisation préalable.

ART. 12. — Il ne sera fait aucune prise de gaz en dehors de celles commandées par l'Administration municipale, sans que l'autorisation ait été donnée par le Maire, sur pétition adressée en la forme ordinaire. Le droit de voirie ne sera perçu qu'à l'occasion du premier établissement.

Cette autorisation devra en outre être obtenue de M. le Préfet, en ce qui concerne les travaux à faire sur les voies soumises au régime de la grande voirie.

Permanence de la fourniture du gaz Pression minima.

ART. 13. — Le gaz sera mis *jour et nuit* à la disposition des abonnés, sous une pression minima de vingt millimètres, sans autre interruption que celle qui pourra résulter de cas de force majeure, de prise de gaz sur les grosses conduites et de réparations à l'usine ou à la grosse canalisation ; dans ce dernier cas, l'interruption ne pourra durer plus de vingt-quatre heures.

Les vérifications auxquelles pourrait donner lieu l'exécution de cette prescription seront faites à la diligence du Maire, au moyen de manomètres qui seront posés à demeure sur tous les points indiqués par l'Administration et aux frais de la Société.

Interruption du service par cas de force majeure.

ART. 14. — Dans le cas où, par suite d'événements de force majeure, la Société viendrait à se trouver momentanément empêchée de faire tout ou partie de son service, elle devra prendre toutes les mesures nécessaires pour le rétablir dans le plus bref délai possible.

En ce qui concerne l'éclairage public, elle devra, au cas susdit, partout où l'Administration le demandera, *remplacer à ses frais l'éclairage au gaz par des lanternes à l'huile minérale*.

Approvisionnement en matières premières.

ART. 15. — Pour assurer les services publics et particuliers dont elle est chargée, la Société aura constamment en magasin, ou en cours de transport, *un approvisionnement d'un mois* en matières premières destinées à la fabrication du gaz.

Cet approvisionnement pourra être réduit à quinze jours, avec l'autorisation du Maire, sur la demande de la Société.

Ces dispositions pourront être modifiées en cas de guerre, suivant les ordres et réquisitions imposés par l'Autorité militaire.

CHAPITRE III

Eclairage public

ART. 16. — Cet éclairage comprend :

Toutes les voies publiques existantes et celles qui pourront être créées, les urinoirs, lieux d'aisances, kiosques, etc. ;

Définition de l'éclairage public.

Les rues et passages particuliers livrés journellement à la circulation des voitures et des piétons ;

Les places, squares, promenades ;

La fourniture du gaz destiné aux illuminations au compte de la Ville ;

L'Hôtel de Villle, les Commissariats et postes de police, les corps de garde, les bureaux des employés, le théâtre, les établissements scolaires, les horloges publiques, les marchés, les halles, les abattoirs, les lavoirs publics et, en général, toutes les propriétés de la Ville et tous les établissements municipaux compris dans l'enceinte de la Ville et sur le réseau canalisé de la Banlieue.

Tout autre éclairage que celui spécifié au présent article est particulier.

La Société ne pourra refuser d'éclairer, aux prix et conditions de l'éclairage public, les divers établissements énumérés aux paragraphes précédents, même lorsque les frais de cet éclairage seront supportés en tout ou en partie par des particuliers ; seulement, l'éclairage sera réglé et payé à la Société par la Ville, sauf à l'Administration municipale à en recouvrer le montant sur qui de droit.

Il est toutefois réservé que l'éclairage public ne comprend pas l'éclairage des boutiques et logements loués à des particuliers dans des propriétés de la Ville.

ART. 17. — *L'éclairage public sera fait au bec et à l'heure,* sur tous les points qui restent accessibles aux agents de la Société, pendant toute heure du jour et de la nuit.

Mode d'éclairage.

A moins de dérogation spéciale consentie par la Société, l'éclairage sera fait au compteur sur tous les points dont l'accès est fermé auxdits agents, à certaines heures de la journée ou de la nuit.

**Type des becs.
Intensité lumineuse.**

ART. 18. — L'éclairage au bec aura pour type un bec à incandescence, muni d'un rhéomètre indépendant, réglé pour un débit de quatre-vingt-dix litres à l'heure.

L'intensité lumineuse normale de ce bec sera de six carcels.

**Prix de l'éclairage
public.**

ART. 19. — Le prix de la consommation du gaz est fixé à *un centime par heure et par bec* du type normal de 90 litres.

Pour des becs d'un débit différent du type normal, la consommation sera payée à raison de 0 fr. 1111 le mètre cube.

Ces prix comprennent les frais d'allumage et d'extinction, ainsi que ceux d'entretien des lanternes, consoles, candélabres et branchements.

**Eclairage permanent
et
éclairage variable.**

ART. 20. — L'éclairage au bec est divisé en éclairage permanent et en éclairage variable. L'éclairage permanent fonctionne du soir au matin, sans interruption. L'éclairage variable est subordonné aux besoins des localités.

La nature de l'éclairage sera fixée par le Maire qui aura toujours le droit de la modifier.

Horaires.

ART. 21. — Les heures d'allumage et d'extinction des becs permanents seront déterminées par un tableau dressé au commencement de chaque année, par le Maire, et imprimé aux frais de l'Administration.

Les heures d'allumage et d'extinction des becs variables seront fixées par des décisions particulières du Maire.

**Allumage
et extinction.
Eclairage extérieur
des postes d'octroi.**

ART. 22. — L'allumage sera fait en cinquante minutes au plus, c'est-à-dire qu'il pourra commencer vingt-cinq minutes avant l'heure du tableau et qu'il devra être terminé au plus tard vingt-cinq minutes après cette heure.

L'extinction sera faite en vingt minutes au plus, c'est-à-dire qu'elle pourra commencer dix minutes au plus avant l'heure du tableau et sera terminée dix minutes après cette heure.

Les becs extérieurs servant à éclairer les postes et les bureaux d'octroi pourront, si la Société ne le fait elle-même, être allumés par les employés de ces postes et bureaux, vingt minutes avant l'heure du tableau et éteints dix minutes après ladite heure ; ils seront censés, pour le calcul du prix à payer, n'avoir été allumés qu'à l'heure du tableau.

Art. 23. — La Société soumettra, chaque année, les itinéraires des allumeurs à l'Administration qui pourra prescrire, au besoin, tous changements auxquels la Société sera tenue de se conformer.

Lorsque ces itinéraires auront été arrêtés par le Maire, la Société ne pourra les modifier sans le consentement de ce dernier.

Itinéraires.

Art. 24. — En cas d'incendie après la chute du jour, la Société devra, au premier coup de tocsin, ou immédiatement après tout autre avertissement, faire éclairer les lanternes qui ne le seraient point et qui se trouveraient soit dans le quartier de l'incendie, soit dans tout autre où la Police jugerait à propos de l'ordonner.

De même, en cas de brouillards ou autres évènements imprévus, la durée de l'éclairage pourra recevoir telle extension que les circonstances rendront nécessaire.

La Société exécutera d'urgence ce qui est prescrit et tous les ordres qui lui seront donnés par l'Administration, en vertu des deux paragraphes qui précèdent, et elle ne pourra exiger que le prix du gaz consommé par suite de la prolongation de l'éclairage ou de l'augmentation du nombre de becs.

Prolongements extraordinaires de la durée de l'éclairage.

Art. 25. — La Société fournira, jusqu'à concurrence de deux alllumeurs, pour accompagner les inspecteurs dans leurs rondes, soit de nuit, soit de jour.

Ces allumeurs devront être munis de clefs de robinets et de tous autres objets nécessaires au service des rondes et même d'échelles, s'ils en sont requis.

Si la ronde a lieu dans la nuit, ils devront être munis d'une lanterne allumée.

Pour faciliter ce service, la Société fera déposer, aux endroits qui lui seront indiqués par l'Administration, le nombre de tous lesdits objets que cette dernière jugera nécessaires.

Une plaque ou médaille dont le modèle devra être soumis à l'Administration municipale, sera remise par la Société et à ses frais à tous les allumeurs, ouvriers ou autres employés du service actif, afin qu'ils puissent être reconnus dans leur service.

Surveillance. Rondes. — Signes distinctifs aux agents.

4

Cette plaque aura un numéro d'ordre et sera toujours portée d'une manière ostensible même pendant le jour.

Etat du personnel actif.

ART. 26. — La Société fournira, chaque année, un état indicatif des noms et demeures des personnes employées au service actif, avec indication, en ce qui concerne les allumeurs, du nombre et des numéros des lanternes à desservir par chacun d'eux.

Cet état, ainsi que les itinéraires exigés par l'article 23, devront être remis à l'Administration avant le trente-et-un décembre de chaque année pour l'année suivante.

En cas de changements, avis devra être donné au Maire.

Renvois éventuels du personnel actif.

ART. 27. — Le Maire aura le droit d'ordonner le renvoi, soit définitif, soit temporaire, des allumeurs et de tous les autres employés du service actif, toutes les fois que ces employés donneront lieu, à l'occasion du service ou pour toute autre cause, à des plaintes qu'il croira fondées.

Conditions de fourniture et de pose du matériel.

ART. 28. — La Société fournira et placera, à ses frais, tous les tuyaux de branchements et autres, et leurs accessoires, les consoles, les candélabres et les lanternes que l'Administration municipale exigera pour l'éclairage au bec, dans la Ville intra-muros, y compris les nouvelles canalisations à établir dans cette limite, ainsi que sur la partie du réseau de la Banlieue exécutée antérieurement au traité de 1878 ou en vertu de ce traité (quinze kilomètres).

Les lanternes à placer sur les canalisations existantes ou à établir dans la zône d'agglomération urbaine, définie à l'article deux, et non comprises dans le paragraphe précédent, seront payées par la Ville à la Société aux prix ci-après, qui comprennent les branchements d'alimentation :

Cinquante francs par lanterne montée sur console,

Cinquante-cinq francs par lanterne montée sur poteau en chêne,

Soixante-quinze francs par lanterne montée sur candélabre en fonte.

Enfin, sur toutes les parties du réseau actuel ou à établir, autres que celles indiquées ci-dessus, les lanternes seront payées le double des prix ci-avant, c'est-à-dire :

Cent francs par lanterne montée sur console,

Cent dix francs par lanterne montée sur poteau en chêne,

Cent cinquante francs par lanterne montée sur candélabre en fonte.

ART. 29. — Les consoles et les candélabres seront en fonte de deuxième fusion.

Nature et modèles des appareils.

Les lanternes seront en cuivre du modèle carré, munies de verres de première qualité, et comprendront : un bec à incandescence défini à l'article 18 et ses accessoires, un robinet, un réflecteur en porcelaine blanche allant au feu, une chicane brise-vent, un système d'allumage et, d'une façon générale, tous les accessoires nécessaires au bon fonctionnement de la lanterne.

L'Administration municipale pourra exiger de la Société l'acquisition et la pose de consoles, candélabres et lanternes d'un modèle autre que ceux actuellement en usage ; mais, dans ce cas, elle devra indemniser cette dernière, s'il y a lieu, de la différence du prix de revient de ces appareils.

ART. 30. — La Société est chargée de l'entretien de la lanterne complète, avec son bec et tous ses accessoires, elle devra remplacer les manchons et verres brisés ; maintenir en bon état de fonctionnement et de propreté les appareils composant normalement cette lanterne complète.

Entretien forfaitaire des lanternes et de leurs accessoires

Les manchons et les verres seront remplacés, au plus tard, dans la journée qui suivra la mise hors d'état de ces appareils ; toutefois, en cas de tempête ou de grand vent, ayant occasionné le bris d'un grand nombre de manchons, ce délai sera prolongé.

Les manchons, en outre, seront remplacés lorsque, au débit normal de 90 litres à l'heure, l'intensité lumineuse du bec sera inférieure à quatre carcels.

Cet entretien sera payé par la Ville, à raison de douze francs par bec et par an.

ART. 31. — La Société entretiendra en bon état tout le matériel de l'éclairage public.

Entretien du matériel

Elle fera réparer immédiatement les *fuites* qui se manifesteront dans les tuyaux, robinets et autres accessoires.

Elle fera remplacer immédiatement, et au plus tard sur le premier avis qui lui en sera donné par l'Administration, les *verres* brisés et tous les objets hors de service.

Les verres fêlés et altérés devront être remplacés par la Société à la première réquisition qui lui en sera faite ; les verres seront nettoyés au moins une fois par semaine.

Les lanternes, supports et tuyaux hors de terre devront être peints à l'huile de la couleur qui sera indiquée par l'Administration municipale., Cette peinture devra être renouvelée tous les deux ans.

Tous autres soins et précautions, nécessaires pour assurer un bon service et un complet entretien du matériel, seront, d'ailleurs, également obligatoires pour la Société.

Numérotage des lanternes.

ART. 32. — Chaque lanterne devra être numérotée, d'une manière ostensible, suivant les indications du Service de Voirie.

Suppressions et déplacements d'appareils.

ART. 33. — La Société exécutera, à ses frais, toutes les suppressions et tous les déplacements d'appareils, dans les délais qui lui seront prescrits par le Maire.

Sanctions.

ART. 34. — Faute par la Société de se conformer aux dispositions des articles 28, 29, 30, 31, 32 et 33 et aux réquisitions qui lui seront faites à ce sujet, il pourra y être pourvu d'office et à ses frais, par les soins de l'Administration, le tout indépendamment des retenues fixées par l'article 38 ci-après.

Prix du gaz fourni au compteur à la Ville

ART. 35. — Pour la fourniture de gaz à faire au compteur, en vertu de l'article 17, la Société se conformera aux règles établies ci-après pour l'éclairage des particuliers. Toutefois, l'établissement des branchements sur la voie publique sera fait aux frais et par les soins de la Société, qui restera chargée de leur entretien.

Enfin, le prix du gaz livré au compteur sera payé par la Ville à raison de *vingt centimes par mètre cube*, pendant les quatre premières années, à dater de la mise en application du présent traité.

A l'expiration de ces quatre années, ce prix sera abaissé à 0 fr. 18 (dix-huit centimes), pendant tout le reste de la concession.

Paiement des sommes dues à la Société.

ART. 36. — Les sommes qui seront dues à la Société par la Ville, tant pour l'éclairage au bec que pour l'éclairage au compteur, lui seront payées pour chaque mois dans le courant du mois suivant, déduction faite de ce qui serait dû à la Ville, soit pour travaux de rétablissement de chaussées, soit à raison des frais d'exécution d'office et des retenues prévues à l'article 38, soit pour toutes autres causes.

A cet effet, la Société remettra, au commencement de chaque mois, un état indiquant le nombre de lanternes qui auront été éclairées pendant le mois précédent et le nombre d'heures pendant lesquelles elles auront été allumées, ainsi que l'état récapitulatif des consommations au compteur faites pendant le même mois. Sur le vu de cet état, le Maire, après vérification et après en avoir retranché les sommes qui pourraient revenir à la Ville, à raison des causes ci-dessus, en ordonnancera le paiement.

CHAPITRE IV

Retenues et pénalités pour infractions

ART. 37. — La Société s'engage à exécuter ponctuellement ses obligations, sous peine de dommages-intérêts.

Obligations de la Société. Retenues.

Dans les cas ci-après déterminés, les dommages-intérêts seront supportés par forme de retenues et imputés sur les sommes revenant chaque mois à la Société.

ART. 38. — Les retenues seront faites ainsi qu'il suit :

Modalité des retenues

1° Dans le cas où la Société, mise en demeure d'exécuter de nouvelles canalisations, ne les aurait pas commencées dans les quatre-vingt-dix jours de la demande, ou ne les aurait pas continuées sans interruption, elle supportera une retenue de vingt francs par chaque longueur de cinquante mètres non placée.

Si, après nouvel avis, les travaux n'étaient pas commencés dans la huitaine et continués comme il vient d'être dit, la retenue ci-dessus indiquée sera répétée par chaque nouvelle semaine de retard.

Hors le cas d'urgence bien constatée, la Ville ne pourra exiger de nouvelles canalisations, pendant quatre mois d'hiver, du premier novembre au premier mars.

2° Si, dans les vingt-quatre heures à partir du moment où l'Administration aurait signalé par écrit une fuite de gaz, il n'a pas été procédé aux réparations nécessaires, la retenue sera de dix francs, avec répétition par jour de nouveau retard, si dans les vingt-quatre heures suivant un nouvel avis, la réparation n'a pas lieu.

3° Dans les cas où, dans les deux mois après une demande écrite du Maire, il n'aurait pas été mis à sa disposition, dans les locaux que doit fournir la Société, les appareils, instruments ou objets nécessaires à la constatation de la pureté ou du pouvoir calorifique du gaz, la retenue sera de vingt-cinq francs.

Si, huit jours après, lesdits appareils manquaient encore, la retenue sera de trente francs par jour de nouveau retard.

Les mêmes retenues seront appliquées, après semblables avis et de la même manière, en cas de retard de dépôt aux endroits désignés par le Maire, des appareils destinés à constater le degré de pression du gaz.

4° Pour chaque jour où le gaz ne serait pas parfaitement épuré, comme il est dit aux articles 10 et 11, la Société supportera une retenue de quinze francs.

La même retenue sera faite par chaque jour où le gaz n'aura pas le degré de pression indiqué en l'article 13.

5° En cas de déficit dans les approvisionnements exigés par l'article 15, la retenue sera de cent francs par chaque cinquième manquant, avec répétition de la même retenue par chaque nouveau jour de retard, si l'approvisionnement n'était pas complété dans la huitaine.

6° Pour chaque bec qui n'aurait pas l'intensité lumineuse prescrite, il sera fait une retenue de vingt-cinq centimes (article 18).

Cette retenue sera réduite de moitié lorsque la défectuosité dans les becs aura été rectifiée dans la première heure du service et qu'il en aura été justifié.

7° Pour chaque brûleur qui ne serait pas du modèle approuvé par le Maire, la retenue sera de un franc.

Cette retenue sera répétée pour chaque jour, si, huit jours après constatation de la contravention, le brûleur n'a pas été rétabli suivant le modèle.

8° Pour chaque lanterne trouvée non numérotée ou dont le numéro disparu n'aurait pas été rétabli dans les trois jours de l'avis donné par le Maire, la retenue sera de un franc, avec répétition de cette retenue par chaque jour de nouveau retard après le troisième jour suivant un nouvel avis.

9° Pour chaque bec non allumé en temps prescrit, la retenue sera de quinze centimes si le retard est d'une demi-heure, en répétant ensuite la retenue de quinze centimes autant de fois qu'il y aura de demi-heures de retard.

Pour chaque bec qui se sera éteint prématurément et qui n'aura pas été rallumé dans l'espace d'une demi-heure, la retenue sera de quinze centimes, en répétant cette retenue autant de fois qu'il y aura de demi-heures entre la première ayant suivi l'extinction et le moment où le bec aura été rallumé, s'il l'a été, ou, à défaut, le moment fixé par le tableau pour la cessation de l'éclairage (article 21).

10° La retenue sera de cinquante centimes par chaque allumeur qui ne suivrait pas l'itinéraire déterminé.

11° Si, dans les cas prévus par l'article 24, la Société ne se conformait pas aux ordres d'urgence qui lui sont donnés, elle supportera, pour chaque bec qui ne serait pas mis en service de la manière prescrite, une retenue de cinquante centimes par bec non allumé.

12° A défaut, par la Société, de mettre à la disposition du préposé chargé de l'inspection et du service des rondes, le nombre d'allumeurs prescrit, conformément à l'article 25, la retenue sera de deux francs par allumeur manquant, ou un franc par allumeur non muni des objets désignés audit article.

Et, à défaut de dépôt aux endroits indiqués par le Maire, après trois jours de l'avis donné, des objets indiqués audit article 25, il y aura lieu à une retenue de cinq francs par chaque dépôt non pourvu, avec répétition de la même retenue pour chaque nouveau jour de retard suivant le troisième jour après un second avis.

13° Pour chaque allumeur ou autre employé du service actif non muni de plaque ou ne la portant pas ostensiblement, étant en service, cinquante centimes.

Une deuxième contravention ne sera toutefois jamais relevée, si ce n'est un jour au moins après que la première aura été notifiée.

14° Pour non envoi des itinéraires prescrits par l'article 23, dans les délais stipulés dans le même article, la retenue sera de cinq francs, avec répétition de la même retenue par chaque jour de retard suivant le huitième jour après avis écrit donné par le Maire.

15° Pour chaque allumeur ou autre employé du service actif qui continuerait son service plus de deux jours après que son exclusion aurait été prononcée par le Maire, il y aura lieu à une retenue de trois francs.

16° En cas de retard dans le renouvellement des peintures des tubes extérieurs, supports, consoles, candélabres et lanternes, dans le nettoyage des colonnes, candélabres et appareils bronzés (article 31), la retenue sera, après huit jours d'avertissement resté sans effet, de deux francs par lanterne, le tout avec répétition de la même retenue par chaque jour de nouveau retard, à partir du huitième jour suivant le second avis qui aura été donné.

17° La retenue sera de cinquante centimes par chaque lanterne qui ne sera pas nettoyée en temps voulu, avec répétition de la retenue par chaque jour de nouveau retard suivant le deuxième jour après avis donné.

Il sera fait pareille retenue pour chaque lanterne ayant des verres cassés ou en mauvais état, le lendemain où l'état de choses aura été signalé à la Société, avec répétition de la même retenue par chaque jour de retard après le deuxième jour suivant un second avis (article 31).

18° A défaut de placement de nouvelles lanternes, de déplacement et replacement de lanternes anciennes (article 33), dans les huit jours de la demande faite par le Maire, la retenue sera de trois francs par lanterne, avec répétition de la même retenue par chaque jour de retard à partir du huitième jour suivant un deuxième avis.

Procédure. ART. 39. — Toutes les retenues ci-dessus seront prononcées par le Maire, d'après les procès-verbaux des employés de l'Administration et pour chaque contravention constatée.

La Société pourra chaque jour, les dimanches et fêtes exceptés, faire prendre connaissance et même copie des procès-verbaux.

Elle sera prévenue une demi-heure à l'avance de l'heure des inspections ; elle pourra s'y faire représenter.

Les procès-verbaux constatant l'insuffisance d'intensité lumineuse des becs, devront énoncer, autant que possible, l'importance du déficit.

La Société aura trois jours francs après la date de chaque procès-verbal pour fournir des observations par écrit.

Sur le vu des procès-verbaux et des observations de la Société, si elle en a fourni, le Maire prononcera, s'il y a lieu, et *sans appel, les retenues* encourues par elle.

Le Maire pourra modifier, s'il le trouve équitable, les amendes et retenues, et même en affranchir la Société, quand une cause accidentelle nullement imputable à cette dernière ou à ses employés, aura donné lieu à la contravention ; mais, en aucun cas, l'éclairage ne sera payé pour une lanterne pendant le temps qu'elle n'aura pas brûlé.

CHAPITRE V

Eclairage des particuliers — Chauffage
et force motrice

ART. 40. — La Société sera tenue de fournir le gaz, sur tous les points où il existera des conduites, à tout consommateur qui aura contracté un abonnement de trois mois au moins et qui se sera d'ailleurs conformé aux dispositions des règlements concernant la pose des appareils.

Les polices, en vertu desquelles sont souscrits les abonnements, devront être conformes à un modèle approuvé par l'Administration.

Aucun abonnement ne pourra être refusé, mais la Société sera en droit d'exiger que le paiement s'en fasse par mois et d'avance.

L'abonné prendra livraison du gaz au moyen d'un branchement sur la conduite principale. Ce branchement, les travaux et fournitures relatifs à l'appareil extérieur et intérieur, sont à la charge de l'abonné. Néanmoins, jusqu'au premier septembre 1935, la Société prendra les frais d'établissement du branchement à sa charge lorsque le client contractera un abonnement de trois ans et que l'immeuble à desservir se trouvera en bordure d'une voie canalisée.

Le tuyau d'embranchement et le robinet extérieur destiné à mettre le gaz en communication avec les appareils intérieurs seront fournis, posés et entretenus par la Société, aux frais de l'abonné, aux prix fixés par la police d'abonnement et approuvés par l'Administration.

La Société pourra exiger 0 fr. 25 *(vingt-cinq centimes) par mois, pour l'entretien du robinet extérieur ; toutefois,* cette taxe mensuelle de 0 fr. 25 sera réduite à :

0 fr. 15 (quinze centimes) par mois et par client lorsque le branchement alimentera deux clients ;

0 fr. 10 (dix centimes) par mois et par client lorsqu'il en alimentera plus de deux.

ART. 41. — Le gaz sera fourni au compteur ; cependant, la Société reste libre de consentir des abonnements au bec et à l'heure. Le prix de cet éclairage sera débattu de gré à gré entre l'abonné et la Société.

La Société devra, pour tous les consommateurs qui le

Abonnements. Polices. — Installations. — Fourniture des appareils. Entretien du robinet extérieur.

Nature des abonnements. — Modèle et vérification des compteurs. Compteurs en service. Entretien.

demanderont, convertir immédiatement les abonnemnts à l'heure en abonnements au compteur.

Tous les compteurs devront être de fabrication française et choisis parmi les types admis au poinçonnage par la Ville de Paris.

Il est bien entendu que les compteurs actuellement en service seront maintenus.

Ils seront soumis, quant à leur exactitude et à la régularité de leur marche, à toutes les vérifications que l'Administration pourra prescrire, sans préjudice de celles que les abonnés ou la Société voudraient faire effectuer par les voies de droit.

La pose et le plombage des compteurs seront faits par la Société, de même que la fourniture et le scellement de la plate-forme, aux prix fixés par la police d'abonnement approuvée par l'Administration.

L'entretien des compteurs agréés par la Société sera fait par elle, aux prix mensuels fixés par ladite police.

Les abonnés au compteur auront le droit de disposer, comme bon leur semblera, du gaz ayant passé par le compteur, sans que, dans le cas où le nombre des becs éclairés dépasserait celui indiqué sur le compteur, il puisse en résulter aucune action contre la Société à raison de la faiblesse de l'éclairage.

Location des compteurs.

Art. 42. — La Société sera tenue de fournir en location des compteurs d'un système de son choix à tous ceux des abonnés qui lui en demanderont et qui contracteront un abonnement d'une année, au prix indiqué sur la police d'abonnement approuvée par l'Administration.

Réduction du prix de location des appareils pour les familles nombreuses

Art. 43. — Pour une famille ne payant pas plus de trois cents francs de loyer et comprenant au moins quatre personnes, la Société consent une réduction de moitié sur les prix de location du compteur et des autres appareils utilisés par cet abonné, pourvu qu'il consomme du gaz simultanément pour l'éclairage et le chauffage de cuisine.

Prix du gaz pour les particuliers.

Art. 44. — Le gaz consommé par les particuliers sera facturé aux prix maxima suivants (sous réserve des modifications prévues à l'article 46 ci-après et correspondant aux variations du prix de la houille) :

Vingt-trois centimes le mètre cube pendant les deux premières années à dater de l'entrée en vigueur du présent traité ;

Vingt-deux centimes le mètre cube pendant la troisième année ;

Vingt-et-un centimes le mètre cube pendant la quatrième année ;

Vingt centimes le mètre cube pendant le reste de la durée de ce contrat.

Art. 45. — Pour le gaz utilisé dans des moteurs ou des appareils de chauffage industriels, et mesuré par un compteur spécial, les prix maxima (sous le bénéfice de la même réserve que ci-dessus) seront les suivants : **Prix et définition du gaz industriel.**

Dix-huit centimes le mètre cube pour les 3,600 premiers mètres cubes consommés dans la même année ;

Dix-sept centimes le mètre cube pour les 1,200 suivants consommés dans la même année ;

Seize centimes le mètre cube pour les 1,200 suivants consommés dans la même année ;

Quinze centimes le mètre cube tout le surplus consommé dans la même année.

Ces décomptes seront établis pour chaque client à partir du premier janvier de chaque année.

Sera considéré comme *gaz industriel* tout gaz employé par l'abonné pour l'exercice de son industrie ou de sa profession, à l'exclusion de celui employé pour le chauffage des magasins ou locaux et des appartements affectés à son usage personnel.

Art. 46. — Les prix de vente aux particuliers du mètre cube de gaz seront relevés ou abaissés d'un centime par trois francs d'augmentation ou de diminution du prix de revient total moyen annuel de la tonne de houille, au-dessus de trente-deux francs cinquante et au-dessous de vingt-cinq francs, soit donc à partir de trente-cinq francs cinquante et de vingt-deux francs, et cette augmentation ou cette diminution du prix du gaz sera réalisée pour l'année qui suivra celle où aura été atteint le prix de trente-cinq francs cinquante ou de vingt-deux francs, sans que, quelle que puisse être dans l'avenir la hausse de la houille, le gaz puisse jamais être payé plus de vingt-cinq centimes le mètre cube. **Echelle de variation du prix du gaz.**

Si, dans l'avenir, usant des droits que lui confère l'article 10, la Société installait la fabrication du gaz à l'eau ou tout autre procédé non encore défini, l'échelle de variation des prix de vente du gaz serait modifiée, en tenant compte de la diminution de la quantité de houille utilisée alors pour la fabrication du gaz, par rapport à la quantité actuellement utilisée pour cette fabrication.

Ainsi, à titre d'exemple, si la Société introduit dans son gaz de houille du gaz à l'eau, dans la proportion de vingt pour cent, le relèvement ou l'abaissement d'un centime pour le mètre cube de mélange sera appliqué par chaque augmentation ou diminution de trois francs soixante-quinze au lieu de trois francs.

Le prix de revient total moyen annuel de la houille comprend l'ensemble des prix d'achat à la mine, de douane, de transport par fer ou par eau, et de camionnage jusqu'à l'usine.

Il va sans dire qu'il ne s'agit que des houilles distillées couramment et d'une façon générale par les usines à gaz et que, dans l'établissement de ce prix de revient, il ne sera pas tenu compte des charbons spéciaux (Cannel Coal, Boghead, etc.) employés en petite quantité et dont le prix est supérieur à celui des houilles à gaz.

Pour l'application de ce principe, il est reconnu que le prix de revient de la tonne de houille employée à la fabrication du gaz pendant l'année 1912 a été de vingt-huit francs, lequel se décompose comme suit :

1° Prix d'achat à la mine	19 fr. 20
2° Douane	0 fr. 70
3° Transport	7 fr. 50
4° Camionnage.	0 fr. 60

La Société sera tenue de communiquer à la Ville ses marchés pour fourniture de houille et d'en justifier la sincérité.

Chaque année, dans le courant de janvier, la Société devra prévenir par lettre la Ville de Besançon que le prix de revient de la houille pendant l'exercice écoulé justifie soit l'abaissement, soit le maintien, soit enfin la hausse des prix du gaz pour l'exercice commençant.

Dans l'un ou l'autre de ces trois cas, si la Ville le juge utile, il sera procédé par voie d'arbitrage, l'Administration et la Société désignant chacune leur représentant et le tiers arbitre étant nommé par le Président du Tribunal Civil.

Les frais d'arbitrage seront supportés par moitié par les deux parties.

Eventualité d'un impôt nouveau sur le gaz.

Art. 47. — Au cas où le gaz viendrait à être frappé d'un impôt nouveau quelconque, cet impôt serait à la charge des consommateurs.

CHAPITRE VI

Mode d'éclairage autre que le gaz

Art. 48. — Jusqu'au premier septembre mil neuf cent vingt-cinq, en cas de découverte d'un nouveau mode d'éclairage autre que l'éclairage par le gaz, la Ville, si elle juge avantageux de l'employer, mettra la Société en demeure d'en faire l'application, mais si celle-ci refusait d'adopter pour ce mode d'éclairage les prix et conditions proposés par d'autres Sociétés, l'Administration se réserve le droit de concéder toutes autorisations nécessaires pour l'établissement de ce nouveau système d'éclairage, sans être tenue à aucune indemnité envers la Société actuelle.

A compter du premier septembre mil neuf cent vingt-cinq, la Ville sera libre de traiter comme bon lui semblera et sans aucune mise en demeure préalable à la Société, avec toute autre Société, pour l'exploitation d'un nouveau mode d'éclairage autre que le gaz ; mais il reste entendu que si cette hypothèse se réalise, la Société pourra continuer son exploitation tant qu'il lui restera des clients à servir pour le gaz.

CHAPITRE VII

Dispositions générales

Art. 49. — Si, pendant le cours de la concession, la Société, pour un motif quelconque, venait à cesser son exploitation ou était hors d'état de la continuer, elle serait déchue de plein droit du bénéfice du présent traité. **Déchéance de la Société.**

Dans ce cas, l'Administration serait mise immédiatement en possession provisoire du matériel d'exploitation, et pourvoierait au service par tel moyen qu'elle jugerait convenable.

Art. 50. — La présente concession pourra être retirée à la Société si elle ne se conforme pas aux dispositions des articles 2, 3, 10 et 40, et, dans ce cas, l'Administration sera chargée de pourvoir aux services public et particulier, et elle entrera dans l'exercice des droits qui lui sont dévolus par l'article précédent. **Cas de déchéance.**

Art. 51. — A l'expiration de ladite concession, la Ville deviendra propriétaire de plein droit, sans indemnité ni **Reprise du matériel par la Ville.**

aucune redevance au profit de la Société, et entrera de suite en possession :

1° Des tuyaux, robinets, siphons, regards, valves et généralement de tout le matériel qui existera alors sous les voies publiques ;

2° Des consoles, candélabres, lanternes et de tous les appareils affectés à l'éclairage public.

Reprise de l'usine ou des usines par la Ville.

ART. 52. — A la même époque, la Ville reprendra à la Société toutes usines à gaz lui appartenant alors avec les constructions et terrains qui en dépendraient, ainsi que tout le matériel de fabrication et d'exploitation, en lui payant une somme représentative de la valeur de ces usines et accessoires, défalcation faite de la valeur actuelle de l'usine existante, étant entendu qu'en aucun cas, le montant de la somme à payer pour cette plus-value ne pourra être supérieur à la moitié de la valeur totale de ces usines en fin de concession.

L'expertise ayant pour but d'établir la valeur actuelle de l'usine sera faite dans l'année qui suivra la date d'approbation des présentes et confiée à un expert choisi par le Conseil municipal, un expert choisi par la Société, et un tiers expert désigné par le Président du Tribunal Civil, sur simple requête à lui adressée par la partie la plus diligente.

L'expertise à laquelle il devra être procédé en fin de concession pour déterminer le montant de la plus-value, s'il en existe, que la Ville devrait payer à la Société, sera faite dans la même condition de délai et en suivant la même procédure.

Pour déterminer tant la valeur actuelle de l'usine que celle qu'auront les différentes usines en fin de concession les experts devront tabler uniquement sur la valeur industrielle utile des appareils qu'ils auront à expertiser.

Le prix des *matières premières* en approvisionnement sera remboursé à la Société sur la production de ses factures.

Garantie hypothécaire. — Assurance contre l'incendie.

ART. 53. — L'Administration emploiera les moyens qu'elle jugera convenables pour garantir l'observation exacte de tous les articles du traité dont le mode de contrôle ou de vérification n'est pas réglé. La Société, pour garantir en tant que de besoin l'exécution de ses engagements, déclare maintenir et s'engage au besoin à renouveler l'acte hypothécaire du deux septembre 1872 et la délégation d'indemnité d'assurance en cas d'incendie consenti par l'acte notarié du trente janvier 1874.

ART. 54. — L'Administration municipale pourra envoyer chaque trimestre une délégation pour visiter l'usine ou les usines de la Société, pour s'assurer de la fidèle observation par celle-ci des obligations lui incombant en vertu du présent traité et, notamment, de la nature du gaz fabriqué, ainsi que des procédés employés à cette fabrication.

Le Directeur de la Société ou son représentant devra être prévenu en temps utile de façon à pouvoir assister à cette visite.

Visite de l'usine ou des usines.

ART. 55. — La Société sera tenue de faire, aussitôt l'approbation du présent traité par l'autorité préfectorale, une élection de domicile à Besançon, où toutes notifications, significations et réquisitions pourront lui être faites.

Election de domicile de la Société.

ART. 56. — Toutes contestations qui s'élèveraient entre la Société et la Ville au sujet de l'exécution ou de l'interprétation du présent traité, seront jugées administrativement par le Conseil de Préfecture du Doubs, sauf recours au Conseil d'Etat.

Jugement des contestations.

ART. 57. — La Société ne pourra sous-traiter ni céder son privilège sans en avoir obtenu l'autorisation par écrit de l'Administration municipale.

Cession du privilège.

ART. 58. — Les impôts et contributions, charges de toute nature affectant, ou qui, dans l'avenir, pourraient affecter l'établissement, seront, pendant toute la durée du traité, à la charge de la Société.

Il en sera de même des frais d'enregistrement, de constitution d'hypothèques et autres de ce genre, ainsi que de ceux de l'impression de cent exemplaires du présent traité.

Paiement des impôts, contributions, charges, etc.

ART. 59. — Les sommes à payer annuellement par la Ville à la Société pour le service de l'éclairage public et des établissements communaux, sont évaluées, année commune, à *vingt mille francs.*

Cette évaluation n'est faite que pour l'assiette du droit proportionnel d'enregistrement, en conformité de l'article 16 de la loi du 22 Frimaire An VII, et, dans le cas où la dépense effectuée excéderait cette évaluation, la Société sera tenue d'acquitter le droit proportionnel d'enregistrement afférent à l'excédent, au fur et à mesure des liquidations de décomptes.

Evaluation de la dépense annuelle municipale d'éclairage.

Approbation du traité Effet.

ART. 60. — Les présentes conventions devront être approuvées par le Préfet.

Elles auront leur effet à partir du premier du mois qui suivra cette approbation.

Fait double à Besançon, le quinze août mil neuf cent treize.

Lu et approuvé :

TH. VAUTIER.

Lu et approuvé :

A. SAILLARD.

APPROUVÉ

A charge d'enregistrement dans les vingt jours.
Besançon, le 27 août 1913.

POUR LE PRÉFET : *Le Secrétaire général,*

LANGERON.

Le Maire de Besançon déclare, pour la perception des droits d'enregistrement seulement, et sans que cette déclaration puisse tirer à d'autres conséquences, que la partie de la redevance annuelle prévue à l'article 8, qui compense l'exonération dont jouit la Société de tout loyer pour occupation du sol de la voie publique, s'élève à mille francs par an.

Le Maire, A. SAILLARD.

Enregistré à Besançon, A. C., le onze septembre 1913.
Vol. 988, f° 26, case 1.

Reçu : 1 %	6,400	»
0,20 %	64	»
	6,464	»
Décimes	1,616	»
	8,080	»

Huit mille quatre-vingts francs.

Pour le Receveur en congé,

PAR PROCURATION :

E. CHAPUIS.

TABLE DES MATIÈRES

CHAPITRE PREMIER

Dispositions préliminaires

CHAPITRE II

Dispositions communes à l'éclairage public et particulier

CHAPITRE III

Eclairage public

CHAPITRE IV

Retenues et pénalités pour infractions

CHAPITRE V

Eclairage des particuliers. — Chauffage et force motrice

CHAPITRE VI

Mode d'éclairage autre que le gaz

CHAPITRE VII

Dispositions générales

———— •✕• ————

www.ingramcontent.com/pod-product-compliance
Lightning Source LLC
Chambersburg PA
CBHW070755220326
41520CB00053B/4450